科学帮帮忙

EXPÉRIENCES

声音的魔法

[法]伊莎贝尔·夏维妮/著

[法]杰若姆·卢里耶/绘

游兆嘉/译

天津出版传媒集团

新蕾出版社

图书在版编目（CIP）数据

声音的魔法 / (法) 夏维妮著；(法) 卢里耶绘；游兆嘉译. -- 天津：新蕾出版社，2016.8（2019.2 重印）
（科学帮帮忙）
ISBN 978-7-5307-6344-5

Ⅰ. ①声… Ⅱ. ①夏… ②卢… ③游… Ⅲ. ①声学-少儿读物 Ⅳ. ①O42-49

中国版本图书馆 CIP 数据核字(2015)第 288060 号

Édition originale: EXPERIENCES AVEC LES SONS
Copyright 2005 by Editions Nathan / Cité des Sciences et de l'Industrie, Paris-France
Simplified Chinese Translation Copyright © 2016 by New Buds Publishing House (Tianjin) Limited Company
ALL RIGHTS RESERVED
津图登字：02-2014-353

出版发行　天津出版传媒集团
　　　　　新蕾出版社
http://www.newbuds.cn
地　　址：天津市和平区西康路 35 号(300051)
出 版 人：马玉秀
电　　话：总编办 (022)23332422
　　　　　发行部 (022)23332679　23332677
传　　真：(022)23332422
经　　销：全国新华书店
印　　刷：北京盛通印刷股份有限公司
开　　本：880mm×1230mm　1/20
印　　张：2
版　　次：2016 年 8 月第 1 版　2019 年 2 月第 5 次印刷
定　　价：20.00 元

目　录

你喜欢玩声音吗？

如果答案是"喜欢"的话，那这本书就是为你设计的。

通过各式各样的实验，你不但可以探索声音的世界，

还会有各种惊奇的发现。

这些实验简单又有趣，特别是很多人一起做的时候。

邀请爸爸妈妈和朋友一起来做实验吧！

你好！我是蹦蹦金。我最喜欢做和声音有关的实验了！

蹦蹦金会陪着你
一起展开声音的探险。
听听他的建议，
你的实验会比较容易成功哟！

蹦蹦金的惨痛经历

> 刚开始的时候，我遇上了一些麻烦，小心别和我一样！

> 我正在认认真真地做实验，小妹妹却突然开始大哭！

> 呜哇——

实验会发出声音，最好选择适当的时间做。

> 爸爸，你听！我把这个钮转到底的时候，音乐的声音变得好大，你听见了吗？

> 哎呀，妈妈！有根管子在攻击我的耳朵！

要为自己和其他人着想，太大的音量会让耳朵很难受。

耳朵很脆弱，千万不要硬塞东西进去，那会让你伤得很严重。

> 蹦蹦金！快点把东西收拾好，不然你不只会听见那些声音，还会听见我大声训斥你！

实验结束的时候，记得把东西收拾好，爸爸妈妈会更支持你做实验。

小建议：把东西都收在同一个地方。

对不对，你说呢？

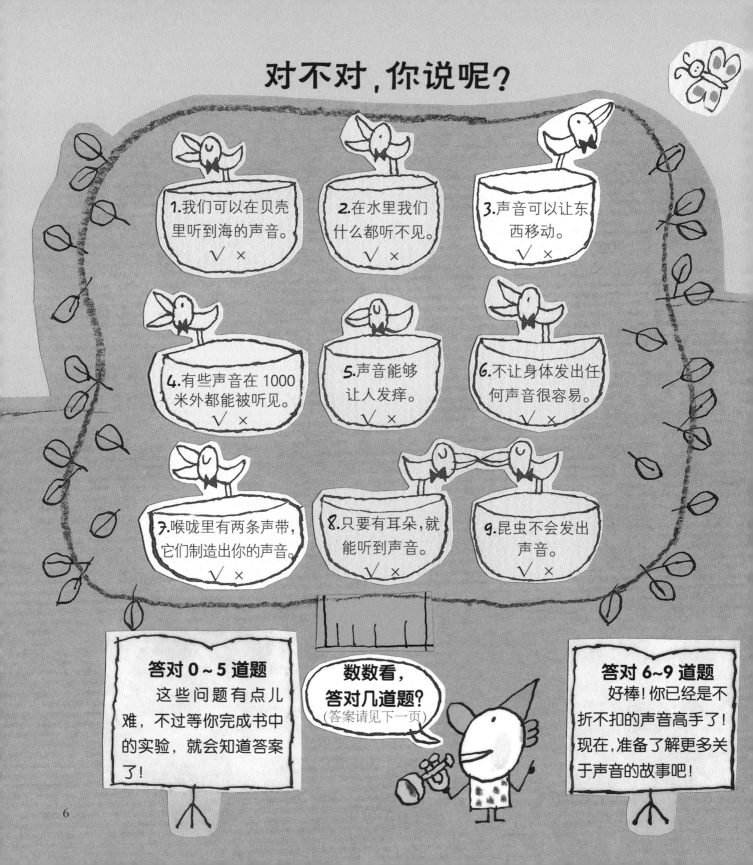

1.我们可以在贝壳里听到海的声音。
√ ×

2.在水里我们什么都听不见。
√ ×

3.声音可以让东西移动。
√ ×

4.有些声音在1000米外都能被听见。
√ ×

5.声音能够让人发痒。
√ ×

6.不让身体发出任何声音很容易。
√ ×

7.喉咙里有两条声带，它们制造出你的声音。
√ ×

8.只要有耳朵，就能听到声音。
√ ×

9.昆虫不会发出声音。
√ ×

答对 0~5 道题
这些问题有点儿难，不过等你完成书中的实验，就会知道答案了！

数数看，答对几道题？
(答案请见下一页)

答对 6~9 道题
好棒！你已经是不折不扣的声音高手了！现在，准备了解更多关于声音的故事吧！

6

你所不知道的"声音世界"

你对身边的各种声音都很了解吗？你曾经很仔细地听过这些声音吗？
和爸爸妈妈或朋友一起来做实验吧，然后把结果记录在你的实验报告上。

咕噜噜……
咕噜噜……

竖起你的耳朵，进入声音的世界吧！

6.× 7.√ 8.× 9.×
1.× 2.× 3.√ 4.√ 5.√

p.6答案

7

来玩玩看吧!

1 谁发出了这些声音?

在你身边和身体里有各种声音,其中有些可能你从来没有听过,你想仔细听听这些声音吗?记得把你的结果写在下面的实验报告上哟。

实验报告 1-1

房间里哪些东西会发出声音?你能在距离它们多远的地方听到?

	一步的距离	耳朵贴在上面	我什么也没听见
冰箱的声音			
浴缸中泡泡的声音			
水中冰块的声音			
牛奶里麦片的声音			

找出房子里的其他声音吧!

实验报告 1-2

身体里哪些地方会发出声音?你是在距离它们多远的地方听到的?

	一步的距离	耳朵贴在上面	我什么也没听见
某人的心跳声			
某人肚子里的声音			
某人耳朵里的声音			
某人吃薯片的声音			

找找看,身体还有什么地方可以发出声音?

如果你一直发出"啊——"的声音，直到喘不过气来为止，你所发出的就是一种连续的声音，它持续很久且不间断。如果你像鼓掌一样拍手，你所发出的就是不连续的声音，它短暂又重复。你还知道哪些声音是连续的或不连续的吗？

② 这么多声音的长度都一样吗？

实验报告 2

听听看：

* 玻璃杯里的声音

* 电话挂断后的声音

* 闹钟的滴答声

* 某人的心跳声

* 汽车开过的声音

* 虫子飞行的声音

把你听到的结果记录在实验报告的表格里。

如果听到持续不间断的声音，就在"连续的声音"格子里做记号。如果听到短暂且重复的声音，就在"不连续的声音"格子里做记号。

	连续的声音	不连续的声音	不一定
玻璃杯里的声音			
电话挂断后的声音			
闹钟的滴答声			
某人的心跳声			
汽车开过的声音			
虫子飞行的声音			

3 听听看，想想看

有些人说我们可以在贝壳里面听见大海的声音，那些真的是大海的声音吗？另外，人们听到同一个声音时，会联想到完全相同的事物吗？想知道答案，就请爸爸妈妈或朋友和你一起做下面的实验吧。

实验报告 3

听听看，想想看

你需要：

* 1 个卫生纸的卷芯（短）

* 1 个中号保鲜袋的卷芯（中）

* 1 个礼物包装纸的卷芯（长）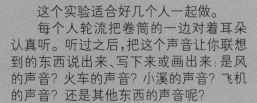

这个实验适合好几个人一起做。

每个人轮流把卷筒的一边对着耳朵认真听。听过之后，把这个声音让你联想到的东西说出来、写下来或画出来：是风的声音？火车的声音？小溪的声音？飞机的声音？还是其他东西的声音呢？

请每个人把自己的结果记录在这份实验报告里。

每个人把自己联想到的东西写在或画在下面的表格里。

	卫生纸卷芯	保鲜袋卷芯	礼物包装纸卷芯
1 号参加者			
2 号参加者			
3 号参加者			
4 号参加者			

事实上，你听到的是空气在卷芯的筒壁上流动和反弹的声音。

4 我们喜欢的声音都一样吗?

有些声音听起来让人很愉快,而有些声音会让我们捂起耳朵。问问爸爸妈妈或朋友,看看他们对不一样的声音有什么看法。别忘了把结果记录下来哟。

实验报告 4

这个实验适合好几个人一起做。参加者可以画出下面这些样子的小脸来表达自己对不同声音的意见:

我喜欢

我不喜欢

不一定

请每位参加者在下面的表格里画出表明自己意见的小脸。

	1号 参加者	2号 参加者	3号 参加者	4号 参加者
雨声				
雷声				
烟火的 声音				
狗吠声				
消防车 警铃声				
门吱吱作 响的声音				

谁是静悄悄国王？
谁是闹哄哄国王？

测试各种不同的材料，
看看谁是声音最小的静悄悄国王，
谁是声音最大的闹哄哄国王。

放手让这些东西落下前，你需要调整手的高度，不要在底盘上方太高的位置。最重要的是，千万不要用力丢啊！

你需要：

小物件：

·1块弹珠大小的黏土

·1把金属钥匙   ·1个软木塞

你也可以用1粒米、1个弹珠……

底部容器：

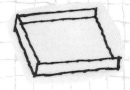

·金属盘（例如烤盘）   ·沐浴手套

来玩玩看吧！

1 让各个物件从同一高度下落，并一一落在金属盘上。

听听每个物件发出的声音。然后将它们按照声音大小排序。

2 再来一次,这次把东西落在沐浴手套上。

听听看,这次的声音和刚才有什么不同? 你还能按照声音大小排序吗?

现在由你来评选:谁是静悄悄国王? 它落在哪个底部容器上时声音最小? 那闹哄哄国王又是谁?

浴缸里的声音

在水中,我们也能玩闹哄哄国王的游戏吗?还是水中世界都是静悄悄的呢?

请爸爸妈妈帮你在浴缸里装水(不要太满)。你进入浴缸后,让耳朵潜到水里,鼻子和嘴巴留在水面上。

请大人帮忙在浴缸的水里制造声音，比如：把一颗弹珠丢到浴缸里，在水面下搓揉铝箔纸，在水里弄破气泡纸，或是用一个装满水的塑料瓶敲浴缸的内侧……

也可以利用身体在水中发出声音：把耳朵放在水里，鼻子和嘴巴露出水面，然后上下牙齿互碰，或是在水里拍手、搔搔脖子……

原来，在水里，我们还是可以发出声音、听到声音的。

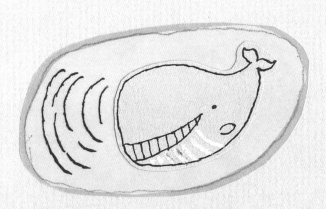

你自己可不要学鲸鱼在水里叫，那样会被水呛到而窒息的！

深海中雄鲸所发出的声音，数千千米外的其他鲸鱼都能听见。科学家们发现，蓝鲸是哺乳动物中叫声最大的纪录保持者！

是谁躲在盒子里？

你能辨认盒子里面各种小东西所发出的声音吗？

放底片的小黑盒子很适合用来玩这个游戏。可以请照相馆的老板帮忙留一些盒子。

你需要：

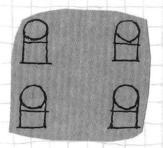

· 4 个大小相同的不透明盒子(有盖)

· 2 颗弹珠

· 2 枚硬币

· 2 颗腰果

· 2 粒骰子

来玩玩看吧！

1 把种类相同的小东西两两成对分别放进一个盒子里。

2 把盖子盖紧，然后随意打乱顺序。

3 拿起每个盒子摇一摇,猜猜里面装的是什么。

4 打开盒子确认答案。你猜对了吗?

因为不同发声体的材质不同,所以它们发出的声音音色不同。

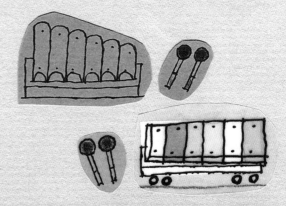

所以装木片的木琴和装铁片的铁琴,虽然长得像,但发出的声音不一样。

声音记忆游戏

你一定玩过图片记忆游戏,不过你知道声音记忆游戏怎么玩吗?

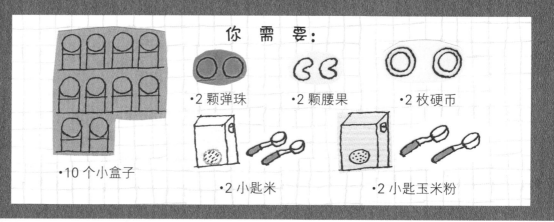

·10 个小盒子

你 需 要:

·2 颗弹珠

·2 颗腰果

·2 枚硬币

·2 小匙米

·2 小匙玉米粉

游戏开始啦!

1 将所有盒子分成五组,在每组盒子里放进种类相同的小东西。

2 盖紧盖子,然后随意打乱顺序。

3 把盒子排列在桌上。

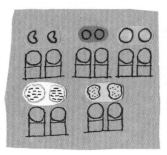

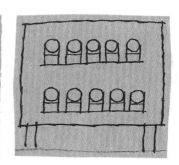

游戏目标:找出两个会发出相同声音的盒子

第一位参加者可以挑两个盒子,轮流摇一摇,听听它们发出的声音。如果两个盒子发出的声音相同,参加者就可以保留这两个盒子,再继续拿两个新的来试试。

如果两个盒子发出的声音不同,就要把它们放回原位,换下一位参加者。

游戏结束时打开每个盒子,看看它们是否成对。拿到成对盒子最多的人就赢喽!

让玻璃杯发出各种声音

你能不能用三个一样的玻璃杯制造出不同的声音?

来玩玩看吧!

1 在三个玻璃杯里各装半杯以下物质。

米粒
水
果冻
或酸奶

如果你在吃点心前做这个实验,实验结束后,就可以把果冻当点心吃了。

2 用两根手指拿着铅笔,轻轻敲打杯子边缘,让铅笔反弹回来。

你听到的声音是一样的吗? 再用不同的材料来试试。听的时候可以闭上眼睛,这样会让你更专心。

把杯子放在靠近桌子中间的地方,这样可以避免做实验时杯子被打破或弄湿东西哟!

你需要:

·3个一样的玻璃杯

·水

·米粒   ·果冻或酸奶

·1支铅笔

现在,你能只用水,就让三个相同的玻璃杯发出不同的声音吗?

来玩玩看吧!

把三个玻璃杯洗干净后,各装进不一样多的水。

用铅笔轻轻敲打这三个杯子,听听它们发出的声音。

杯子里的水越多,发出的声音越低沉;杯子里的水越少,声音就越高亢。

你做了一个"水琴",就像木琴一样,不过这是用水做的哟!

为什么"水琴"能发出多种声音呢?

因为它和木琴的原理一样。木琴由不同长度的木片组成。敲打时,木片越短越厚,发出的声音就越高亢;木片越长越薄,发出的声音就越低沉。

听梳子演奏音乐

用一把塑料梳子制造声音。

你 需 要：

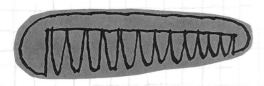

•1 把塑料直排梳，梳齿从一边到另一边渐渐缩短。

来玩玩看吧！

寻找各种让梳子发出声音的方法。

1 用梳子敲敲炒锅。

2 用手指拨动梳齿。

听听用各种方式发出来的声音，你比较喜欢哪一种？

3 如果用手指拨感到痛，你可以用别的东西来拨梳齿，如一张卡片、一支铅笔或一枚硬币。

再做一次这个实验，这次把梳子放在桌布上、书上，或玻璃上。

实验揭秘：

当你拨弄梳齿时，梳齿开始振动，接着轮到它们让梳子和耳朵之间的空气开始振动，正是这些振动让你可以听到声音。桌子接触到振动中的梳子，也被引发振动进而发出声音。桌子发出的声音比较大，这是因为产生振动的桌面比梳子大很多。

这就是小提琴演奏的原理。当你拨动琴弦时，它会带动琴弦下面的木质"桌子"振动，接着带动小提琴里的空气振动，从而产生美妙的音乐。

只用梳子,也可以演奏乐曲哟!

把你的梳子竖起来,梳齿短的一边朝上。用手指随便拨动一个梳齿,再拨另一个……听听看,它们发出的声音不一样呢!

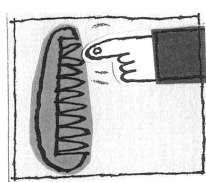

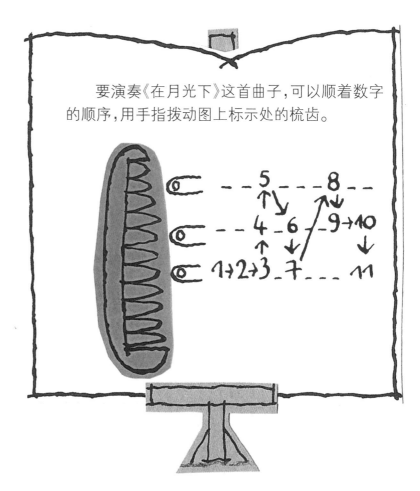

要演奏《在月光下》这首曲子,可以顺着数字的顺序,用手指拨动图上标示处的梳齿。

想要成功地演奏乐曲,你需要好好练习。如果你可以自己编一首曲子,那你就是"梳子音乐家"啦!

小颗粒随音乐起舞了

试着让颗粒或粉末跳动，可是不能碰到它们，也不能向上面吹气。

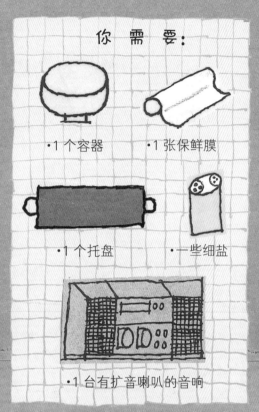

你 需 要：

- 1个容器
- 1张保鲜膜
- 1个托盘
- 一些细盐
- 1台有扩音喇叭的音响

在冬天的高山上，
一个很大的声音，
有可能让整个山坡的雪
震动而引起雪崩！

来玩玩看吧！

1 用保鲜膜把容器盖好。

拉紧保鲜膜哟！

2 把容器放在托盘上，然后紧靠着音响的喇叭。

3 在保鲜膜上撒些细盐。请大人帮你放首很有节奏感的曲子，然后慢慢调大音量。

4 你看，盐跳起来了！它好像正跟着节拍跳舞呢！

这是因为扩音喇叭的声音让保鲜膜振动，所以上面的盐粒才会跟着跳动！

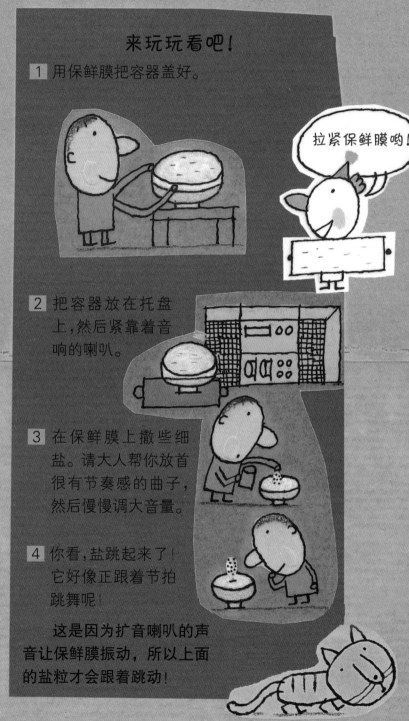

办一场颗粒跳远大赛!

你需要:

· 前一个实验用
过的那些材料

· 一些粗玉米粉

· 一些米粒

· 一些干香草

来玩玩看吧!

1 在保鲜膜上画一条起跳线、一条终点线和
一些跑道。

2 把起跳线放在靠近扩音喇叭的一端。

3 在每条跑道上放一种颗粒。

4 请大人帮你放音乐。

白板笔或签字笔更容易在保鲜膜上做记号哟!

小颗粒跳远大赛要开始喽! 你觉得谁会赢?

如果颗粒不跳动,可能是因为太重了,或是因为保鲜膜没有绷紧。

大挑战：衣橱里的大钟

你知道怎么用一个金属衣架、一条细绳和一支铅笔，
发出敲钟的声音吗？

我拿铅笔这样敲衣架，可是好像什么也听不见呀！

你要是学蹦蹦金那样做，就算用尽全部力气，也不会听见"叮当"声！

尽管如此，你还是可以向爸爸妈妈保证，有一口大钟藏在你们家的衣橱里，而且你可以让它"当当当"地大声响起！

请爸爸妈妈到衣橱边,然后,按照下面两页的
方法做,他们会不敢相信自己的耳朵!

用铅笔敲击衣架四次。
问问爸爸妈妈听到了什么。

闭上眼睛,仔细听!

这让我想起村庄里每个小时都会响起的钟声!

蹦蹦金,你是最棒的敲钟手!钟响了四声,点心时间到啦!

当你敲打衣架的时候,衣架会快速而有规律地振荡,我们称这种现象为"振动"。

在空气中,振动会向四面八方发散。当衣架挂在连着耳朵的绳子上时,振动会传到绳子上,然后直接传进耳朵里。这时候,我们就会听见一个更强的声音。

如果你在衣架振动的时候轻轻碰绳子,振动会让你的手指头痒痒的!

现在我们来吃点心吧!

声音能用手感觉吗?

你曾经用手摸过声音吗?

你 需 要:

啊——啊

· 你的身体和你的声音

来玩玩看吧!

像狼一样发出长长的声音"呜——"。把手指轻轻地平放在喉咙上(不要用力按压),还有你的鼻子两边。

呜——
呜——

啊——
啊——
啊——

你可以感觉到喉咙和鼻孔都在颤动。

那就是你的声音所发出的振动!

你的声音从哪里来？

爸爸，说"啊——"，我要看看你的声音！

在我们的喉咙里有两条声带。

我们说话时，声带就会张开或闭合。它们的振动，让我们发出声音。这些声音和我们身体里的其他部位会产生共鸣。

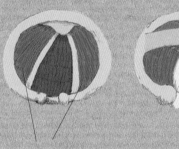
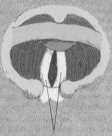

声带张开　　声带闭合

身体的其他部位
在你发出声音时也会振动，
找找看吧！试试其他长音，
如"啊——""嗡——"或
"咿——"。

你会不会发出什么好笑或吓人的声音？

只能用身体的其他部位，不能用你的喉咙发声哟。

想知道怎么做吗？
首先，找朋友和你一起到一个安静的地方，这样可以听得比较清楚。

让我来示范三种方法。
找找看，还有别的吗？

·踏踏你的脚　　·用舌头发出声音　　·用手指发出响声

砰

嗒啦

啪

神秘的声音游戏

选出一个人负责出谜题，剩下的人来猜。出题人只能用自己的身体发出声音让大家猜。猜的人不能看，只能听，猜猜他是用什么部位发出的声音？如果没有人猜出来，出题人就赢了！

怎么样呀？我是怎么弄的呀？

啪

好笑的声音接龙

第一位参加者发出一个他觉得有趣的声音。
第二位参加者要重复第一个人发出的声音,然后加上另一个自己的怪声音。
接下来也一样,每个人都要重复前面的怪声音,再加进一个新的声音。
谁先发错前一个人的声音,谁就输了!

我们是怎么听见声音的?

声音以声波的形式进入我们耳朵里。声波是由物体又轻又快的振动产生的。这个振波经过耳朵里一条有点儿复杂的路线直达脑部,我们就能听到声音了。

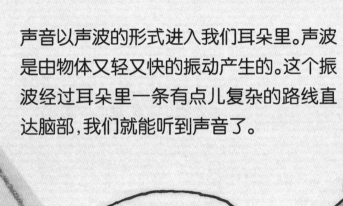

1

2

3

4

如果你是声音,走过一条这样的路线后,就会被听见了!

声音在空气中的传播速度极快,在你数到一之前,声音就已经到达脑部啦!

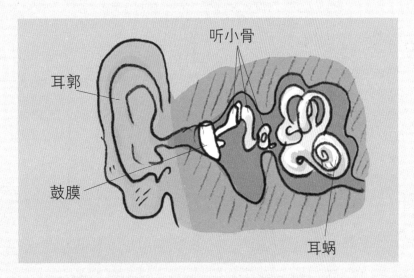

听小骨

耳郭

鼓膜

耳蜗

1 声音从一个大开口——耳郭进入耳朵。

2 声音走过一条走廊,在走廊的尽头被一片帘子——鼓膜挡住。声音走过时,鼓膜会振动。

3 鼓膜的振动让三块形状古怪的小骨头跟着振动，那是锤骨、砧骨和镫骨,它们合称为"听小骨"。

4 这些振动进入耳蜗,声音在那里会被转换成由电脉冲组成的讯息码。

5 一个叫作听觉神经的信差把声音一直带到脑部,脑部解码后,就能听见并了解声音的意思了。走这么长的一段路就是为了让声音抵达脑部!

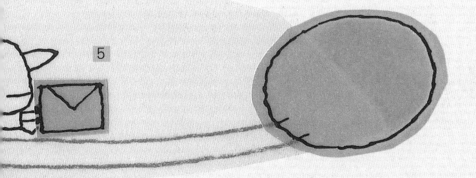

如果听不见声音

一些耳朵听不见声音的人发现,有很多方法
可以让他们不需要听到声音,也能很好地生活。

该怎么对话？

使用手语

手语的好处是:即使隔着一面玻璃,我们还是可以对
话! 不过也有不方便的地方,如在黑暗中,他们就"看不
见"别人说话了。

怎么知道电视或电影
在演些什么？

看图和字幕。

早上要怎么用闹钟叫
他们起床？

用一个可以在耳朵旁边
振动的闹钟。

怎么知道有人在按门铃？

在房间各处装上指示灯。

可以随着音乐跳舞吗？

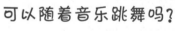

如果音乐开得够大
声,就可以感觉声音的振
动,然后跟着节奏跳舞!

听，是谁在唱歌？

你有没有注意过？每年的不同季节，都会有动物"唱歌"。它们声音的高低、音色各不相同，这是为什么呢？

青蛙鼓起鸣囊演唱

每年夏天，我们都可以听到青蛙的鸣叫，但它们的嘴巴和鼻孔并没有张开。它们的声音在两个会鼓胀和收缩的"小袋子"里共鸣，因此即使在远处，我们也可以听见被放大后的叫声。

雄鹿挺起胸膛呼叫

秋天的晚上，在某些森林里，我们会听到一种让人害怕的、低沉又沙哑的叫声，那是雄鹿的声音。它们总是挺起胸膛，让声音在胸腔里共鸣，从而把更浑厚的声音传递给其他同伴。

布谷鸟唱"布谷"

到了春天，布谷鸟会唱起它们著名的"布谷"情歌。好听的歌声是怎么唱出来的呢？原来，布谷鸟和其他很多鸟类一样，有一个小小的器官叫作鸣管，里面有薄膜，当空气通过的时候，会振动并发出声音。

蝉会演奏"铙钹"

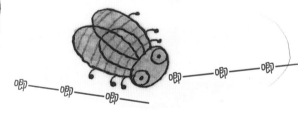

雄性的蝉是昆虫中情歌唱得最卖力的。在它们的腹部有两片薄膜，就像铙钹一样坚硬。这两片薄膜变形时，会发出重复的"唧唧"声，因为速度很快，所以听起来像是连续的声音。

37

神 秘 的 鲸 鱼

为了在黑暗的深海中寻找方向与食物,鲸鱼会发出声音,当声音遇到障碍物时会反弹回来,而鲸鱼接收到弹回来的声音后,就会知道哪里有岩礁要避开,或是哪里有鱼群可以捕食。

2002年7月,五十多头鲸鱼被人发现搁浅在美国东北部马萨诸塞州的海滩上。为了保护它们,使其不被太阳晒伤,义工们用湿润的厚布盖住它们。接到紧急通知后,救援小组来到海边,试着让这些鲸鱼回到大海。大部分的鲸鱼都重新回到了大海的怀抱。但很不幸的是,第二天,它们就被发现搁浅在另一个地方,离原来的地点只有几千米远。

究竟这些鲸鱼为什么会迷路呢? 它们的声音探测系统是不是被干扰了? 一些科学家认为这些鲸鱼的耳朵里长了小寄生虫。还有一些科学家认为这是由某些装在深海的仪器所导致的,例如有些探测海中潜水艇的声呐会发出很强的声波。不过到目前为止,鲸鱼的搁浅仍然是一个谜。

你已经完成书中的实验了吗?

这些实验都很神奇吧?
没错,而且它们都蕴含着大道理!

你可以告诉爸爸妈妈,我们听到的贝壳或硬纸壳里的声音,其实只是种将声音放大的共鸣现象。

小颗粒会跳动,是基于声音振动和共鸣箱的原理。而敲响衣架的声音听起来像大钟声,则是因为声音由不同介质传递的关系。

如果你心里有成千上万个问题,
如果你想做新的实验,并想找出这些问题的答案,那么,你就是小小科学家!
快来探索世界的奥秘吧!